DE LA

# CIRCULATION DU SANG

## DANS LES MEMBRES ET DANS LA TÊTE

### CHEZ L'HOMME

PARIS. — IMP SIMON RAÇON ET COMP., RUE D'ERFURTH, 1.

DE LA

# CIRCULATION DU SANG

## DANS LES MEMBRES ET DANS LA TÊTE

**CHEZ L'HOMME**

PAR

J. P. SUCQUET

DOCTEUR EN MÉDECINE DE LA FACULTÉ DE PARIS, LAURÉAT DE L'ACADÉMIE DES SCIENCES
CHEVALIER DE LA LÉGION D'HONNEUR



PARIS
J. B. BAILLIÈRE ET FILS,
LIBRAIRES DE L'ACADÉMIE IMPÉRIALE DE MÉDECINE,
Rue Hautefeuille, 19

**Londres,**
HIPPOLYTE BAILLIÈRE, 219, Regent-Street.

**New-York,**
H. et C. BAILLIÈRE FRÈRES, 440, Broadway.

MADRID, C. BAILLY-BAILLIÈRE, 11, CALLE DEL PRINCIPE.

1860

DE LA

# CIRCULATION DU SANG

## DANS LES MEMBRES ET DANS LA TÊTE

### CHEZ L'HOMME

---

### INTRODUCTION.

Harvey apprit, il y a maintenant plus de deux siècles, que le sang de l'homme circulait du cœur aux artères et des artères aux veines, qui le ramenaient au cœur.

La science apprend, aujourd'hui, que le sang circule du cœur aux artères, des artères aux capillaires et des capillaires aux veines, qui le ramènent au cœur. Depuis deux siècles la science se serait donc enrichie des capillaires.

On peut dire, cependant, que la tradition d'Harvey est restée intacte. Le sang circule toujours comme il l'a voulu. Du cœur aux artères, puis aux veines, puis au cœur. Mais, dans cette circulation parcourue ainsi à vol d'oiseau, il n'y a donc plus rien à apprendre? Dans les grandes divisions du corps humain, dans leurs organes si différents, dans leurs éléments anatomiques si variés, il ne se passe donc rien de particulier? Le sang va-t-il toujours, partout et de la même manière, des artères aux veines? La science a-t-elle été faite du premier mot?

Au consentement tacite de deux siècles, il faudrait le croire. Aussi j'aborde aujourd'hui ce sujet avec un grand découragement et une grande défiance de moi-même. C'est le sentiment qui domine ces recherches. Le 18 novembre 1856, je déposais entre les mains de l'Académie de médecine un pli cacheté contenant les premiers faits de ce travail. Quatre années se sont écoulées depuis son origine, et cependant j'hésite encore.

## DE LA CIRCULATION DU SANG DANS LE MEMBRE THORACIQUE.

Lorsqu'on pousse dans l'artère axillaire de ce membre un liquide pénétrant, de l'eau, par exemple, ce liquide revient promptement par les grosses veines de la racine du bras.

Depuis Ent, le retour des injections artérielles par les veines est connu de tous. Cependant ce retour facile a provoqué mon attention pendant longtemps; d'abord, parce qu'il contrariait des travaux entrepris dans un autre but, et ensuite parce qu'il m'a paru offrir en lui-même un intérêt de plus en plus attachant.

A peine a-t-on poussé 100 ou 120 grammes de liquide par l'artère axillaire d'un adulte, que l'injection s'enfuit par les veines. On ignore la quantité de liquide nécessaire pour remplir les voies de la circulation dans le membre supérieur. Cependant j'étais étonné de remplir ses artères, ses capillaires et ses veines avec 100 ou 120 grammes d'injection.

Wrisberg estime la masse générale du sang à 30 livres, Herbst à 10 livres; prenons la moyenne de ces deux appréciations extrêmes, c'est-à-dire 20 livres, ou autrement 10,000 grammes, où retrouver ici cette quantité de sang? Dans les sujets de mes expériences le bras pouvait représenter la vingtième ou la vingt-cinquième partie du corps; le corps tout entier n'aurait donc contenu que 2,500 ou 3,000 grammes de sang au lieu de 10,000, c'est-à-dire le tiers environ de ce qu'il eût dû contenir. Cette déduction, bien qu'elle fût établie à première vue, suffisait cependant pour justifier ma surprise.

Mais les liquides sanguinolents fournis si promptement par les veines dans l'injection de l'artère axillaire n'étaient-ils pas de la sérosité rougeâtre restée dans les vaisseaux après la mort, poussée ensuite devant l'injection et sortant bien avant elle par les veines? Pour vérifier cette supposition j'ai injecté l'artère avec de l'eau tenant en dissolution du cyanoferrure de potassium; j'ai recueilli les premiers liquides sortis par les veines indiquées, et j'ai versé dans ces liquides quelques gouttes d'une solution de sulfate de fer; j'ai obtenu alors un précipité bleu abondant; le doute avait disparu; l'injection artérielle était bien revenue immédiatement par les veines.

Mais, dira-t-on, ce sont les veines les plus voisines du point injecté qui se remplissent les premières, promptement, et ramènent dans les troncs où elles se jettent l'injection poussée par l'artère. Les vaisseaux les plus éloignés ne sont point pénétrés ou même atteints lorsqu'elle sort par les veines. Ne voyons-nous pas le suif fondu, injecté par l'aorte, remplir exactement les artères voisines, tandis qu'il n'arrive pas toujours aux mains et aux pieds?

Je savais cela. Mais c'était justement le contraire de ce fait que je voyais se produire dans mes injections aqueuses. Ce ne sont pas les veines du bras qui grossissent les premières, ce sont les veines des doigts et de la main; le liquide gonfle ces dernières d'abord et gagne ensuite les troncs sous-cutanés de l'avant-bras; ceux du bras sont enfin envahis, et l'ondée venue de l'extrémité du membre s'écoule ainsi par les veines de sa racine.

Ce trajet successif et bien net devait me surprendre. Comment, ce sont les veines les plus éloignées du point où agit la force d'impulsion qui se remplissent les premières? Au lieu de passer dans les veines du bras d'abord, et ensuite dans celles de l'avant-bras, l'injection allait passer, avant tout, dans celles des doigts et de la main? Mais, qu'est-ce à dire? Il y aurait donc aux doigts et à la main un passage des artères aux veines plus facile que partout ailleurs? Les injections aqueuses passeraient donc par cette voie restreinte, au lieu de pénétrer tous les vaisseaux sur tous les points du membre à la fois? Cela expliquerait assurément la petite quantité de liquide nécessaire pour le retour de l'injection par les veines, mais cela soulèverait aussi bien d'autres problèmes. Le sang passerait donc, pendant la vie, plus facilement dans les veines des doigts et de la main que dans les autres veines du bras?

On comprendra la perplexité de mon esprit devant cette conséquence inattendue et discordante au milieu des idées acceptées sur le cours du sang. Pendant longtemps je l'ai regardée comme une supposition gratuite, sans lien avec aucune doctrine et sans finalité apparente. Mais des injections nouvelles la ramenaient en lumière malgré moi. Une idée scientifique restée sans solution finit par agiter l'esprit sans relâche. Il me fallait désormais une certitude. L'anatomie seule pouvait la donner.

J'ai recherché d'abord une injection froide, très-fluide, colorée, devenant solide dans les vaisseaux et pouvant ainsi être retrouvée dans leur intérieur. Ces diverses conditions sont indispensables à de bonnes recherches sur la structure des canaux sanguins. Un liquide noir, réunissant toutes ces qualités, a été poussé dans l'artère axillaire, et son injection a été suspendue dès qu'il a été arrivé dans les veines superficielles de l'avant-bras.

Après cette injection, la couleur générale du membre se trouve changée dans certains points. La main et les doigts sont devenus d'un brun foncé, ainsi que la région olécranienne du coude. Le bras et l'avant-bras ont conservé, au contraire, leur aspect naturel. La coloration des mains, des doigts et du coude montre que l'injection noire a pénétré dans ces parties plus abondamment que partout ailleurs. Il y a donc dans ces parties plus de vaisseaux que dans les autres points du membre. Il y avait donc là, pendant la vie, une circulation plus abondante que dans les autres points. C'était déjà quelque chose dans le sens de ma présomption, mais ce n'était pas pourtant ma présomption tout entière. Si cette coloration annonçait un plus grand nombre de vaisseaux, elle ne prouvait pas leur perméabilité particulière. D'ailleurs, l'inconnu s'était accru d'un nouveau fait. Pourquoi le coude avait-il changé de couleur comme les mains et les doigts? Hâtons-nous de disséquer le membre sous la loupe et en allant de son origine à son extrémité.

Dans la peau du bras les artères sont bien injectées. Cependant je n'ai trouvé aucun réseau capillaire pénétré par l'injection. Elle s'est arrêtée dans les dernières divisions des artères; au delà il n'y a rien dans les vaisseaux sanguins. Les muscles du bras offrent des traînées d'injections irrégulières et plus ou moins épaisses; ces traînées, jetées au hasard, sont dues à la rupture des artères musculaires et à l'épanchement qui en a été la suite. En effet, là où les artères ont résisté on voit leurs fines arborisations courir çà et là, entre les fibres des muscles, mais les veines musculaires qu'on rencontre en même temps sont vides, transparentes et affaissées. Dans les tissus adipeux et cellulaires les artères et les veines offrent le même résultat opposé; celles du périoste, des os, des nerfs, sont dans le même cas. Partout les artères sont remplies d'injection, partout les veines sont vides.

La peau de l'avant-bras offre au coude des artères plus nombreuses que partout ailleurs. Dans le tissu cellulaire lâche, qui forme là une sorte de bourse muqueuse sous-cutanée, les vaisseaux se montrent en abondance, les ramifications artérielles pénètrent les aréoles de la face profonde du derme d'où sortent des radicules veineuses injectées. En effet, si on suit ces radicules en allant vers leurs troncs, on voit l'injection finir bientôt dans leur intérieur, et au delà on trouve la veine libre, pellucide, aplatie. Il n'y a point d'erreur possible.

Mais c'est surtout à la face cutanée de l'olécrane que la communication des artères aux veines devient apparente. Là et dans les environs, des artériolles, venues particulièrement des artères récurrentes de l'avant-bras ou de la branche artérielle qui accompagne le nerf cubital, se ramifient avec profusion. Sur le parcours de chaque arborisation artérielle, on remarque deux arborisations veineuses, une de chaque côté de l'artère. Dans leur trajet comme dans leur dernier chevelu, ces trois vaisseaux communiquent entre eux par des rameaux très-courts allant de l'artère aux veines. Ces dernières grossissent peu à peu et sont suivies facilement jusque dans leurs troncs veineux, mais alors l'injection a cessé quelquefois dans leur intérieur, et leur transparence, comme leur vacuité, ne laissent aucun doute sur leur nature veineuse. Le tronc artériel, toujours plein, est alors côtoyé par deux troncs veineux vides.

Dans le reste de son étendue, la peau de l'avant-bras a conservé sa coloration normale. Ses artères sont exactement remplies, mais le passage des artères aux veines n'a pas été franchi. Les troncs seuls des veines basilique et céphalique sont plus ou moins pleins d'injection, mais elle y est venue par les veines de la main. Si on examine, en effet, les branches de ces deux veines qui naissent dans la peau de l'avant-bras, on les trouve vides jusqu'à leurs dernières racines. Les veines profondes radiales et cubitales contiennent aussi de l'injection vers le poignet, mais les veines ont reçu cette injection par les anastomoses qui viennent des troncs superficiels injectés ainsi que par les veines issues de la main. Il est encore ici facile de s'en assurer. Les veines musculaires et autres qui se jettent dans leur intérieur, des profondeurs de l'avant-bras, sont libres et affaissées. Elles n'ont point conduit d'injection dans les veines radiales et cubitales. Comme au bras, les veines des muscles, des os sont restés inaccessibles, et dans l'épaisseur du membre, l'injection n'a point dépassé les artères.

Examinons, à son tour, la main et les doigts. Ici tous les troncs veineux sont plus ou moins bien pénétrés. Pour la première fois, le système veineux du membre a reçu une abondante injection; il avait été atteint au coude, comme nous l'avons vu, mais cette injection n'était point comparable à celle qu'il a admise dans les mains et les doigts; d'où vient cette injection si multipliée sous nos yeux? elle vient principalement de l'extrémité digitale des cinq doigts, de la peau qui recouvre l'éminence thénar et de celle du bord interne de la main.

Autour des ongles, dans le tissu sous-unguéal, tout est vaisseau, les uns sur les autres, et tout est injecté. Plus on approche de ce point des doigts, plus les racines veineuses sont pleines. Dans le lacis de vaisseaux injectés qui règne autour de la racine des ongles, les veines se reconnaissent encore à leur volume. Dans le point même où elles commencent, elles commencent avec un gros calibre. De chaque côté de l'ongle, une veinule se détache pour se réunir à celle du côté opposé, sur le dos de la phalangine. Dans ce point si voisin de leur origine, elles sont déjà cependant assez volumineuses pour être aperçues, souvent, pendant la vie, dans les sujets cachectiques dont la peau se trouve amaigrie et amincie tout à la fois.

A la peau de l'éminence thénar, les artères se ramifient à la surface profonde du derme et leurs ramifications sont suivies des ramifications veineuses. L'origine de ces veines n'offre point le volume qui attire l'attention à l'extrémité des doigts. Ce sont des arborisations veineuses, croissantes, peu à peu en volume, et succédant à des arborisations décroissantes des artères. L'injection est passée des unes dans les autres, et on suit, à la loupe, cette transition directe.

La peau du côté interne de la main, les surfaces des enveloppes fibreuses des articulations, les expansions aponévrotiques des tendons extenseurs des doigts, offrent encore des ramifications artérielles et veineuses communiquant directement ensemble. Les muscles, les tendons, les os de la main, ne présentent, au contraire, que des artères injectées.

J'ai répété plusieurs fois ces recherches sur des sujets différents, enfants, adultes ou vieillards. Elles ont toujours donné les résultats que je viens d'exposer. J'ai varié les expériences. J'ai coupé circulairement, à la hauteur du carpe, la peau et les veines sous-cutanées qui passent autour du poignet, et j'ai injecté ensuite l'artère axillaire du membre. Dans ce cas, les troncs veineux de l'avant-bras n'ont offert aucune injection. Le coude seul avait été pénétré parmi tous les tissus depuis l'épaule jusqu'à la main. La main, au contraire, avait reçu l'injection comme à l'ordinaire, et les veines, divisées autour du poignet, l'avaient abandonnée par leur bout inférieur.

Harvey mourut sans avoir la satisfaction de démontrer matériellement la communication des artères aux veines. Après sa mort, Malpighi, Leuvenhœk, Cooper, prouvèrent cette communication, avec le secours du microscope, sur des animaux vivants. Haller, Spallanzani, Reichel, Dœllinger et beaucoup d'autres encore l'ont constatée de nouveau et de la même manière. Mais rarement a-t-on pu étudier, à l'aide des injections solidifiables la continuation des artères avec les veines. Dœllinger ne connaissait qu'un seul fait de ce genre. C'est celui de Sommering sur le réseau vasculaire de la choroïde. Rien ne sera plus facile désormais. Sur les points du membre supérieur que je viens d'indiquer les injections solidifiables passent directement des artères aux veines, et ce passage est facilement suivi à la loupe et pourrait l'être quelquefois à l'œil nu.

Mais ce qu'il importe surtout d'établir ici, c'est le fait inconnu, jusqu'à ce jour, d'un passage des artères dans les veines des doigts et de la main, plus facile que dans tous les autres vaisseaux du membre supérieur, c'est le fait inconnu d'un passage direct, sans vaisseaux capillaires, sans trame organique intermédiaire. Ces deux faits anatomiques irrécusables mettent déjà bien en relief les artères et les veines des doigts et de la main.

D'un autre côté, une voix qui depuis un demi-siècle commande l'attention de tous ceux qui s'occupent de biologie, celle de Bichat lui-même, avait déjà signalé quelque chose de particulier dans les vaisseaux de cette extrémité du membre thoracique. Écoutez : « Les artères de la paume de la main donnent naissance à une foule de branches extrêmement volumineuses et rapprochées. Il semble même qu'il y ait ici disproportion entre les vaisseaux et les organes. Les branches les plus considérables sont précisément les branches collatérales placées sur les doigts où aucun muscle ne se trouve. Assurément, on ne peut penser que les derniers vaisseaux sont uniquement destinés à la nutrition des parties sur lesquelles ils se trouvent. »

Ces paroles sont remarquables. Ces mêmes artères sur lesquelles nous venons de constater un passage plus facile et plus direct aux veines sont signalées maintenant comme plus nombreuses que dans toute autre région du membre et comme apportant aux mains une quantité de sang qui ne doit pas être employée uniquement à leur nutrition. Que se passe-t-il donc ici? Je ne suivrai pas Bichat dans l'explication qu'il donne à ce sujet. Son esprit, d'ordinaire si intuitif, fait ici fausse route. L'explication a passé, mais les faits restent. Les faits sont le patrimoine de tous. Ils doivent être tour à tour les éléments des théories successives destinées à élever les doctrines à la hauteur de la vérité.

Mais les veines des doigts et de la main n'offrent-elles pas aussi quelque chose de particulier? Elles forment, par leur réunion, les troncs des deux grandes veines céphalique et basilique. De l'aveu de tous les anatomistes, ces deux veines diffèrent des autres veines du membre. Sous-cutanées, superficielles, elles marchent sans artères parallèles, ce qui ne se voit pas pour les autres veines, et forment enfin un système veineux distinct. Mais pourquoi les doigts et la main ont-ils pour eux seuls un système veineux particulier? Pourquoi les mains et les doigts, parties essentiellement fibreuses et osseuses, c'est-à-dire peu vasculaires, ont-ils cependant tant de veines? Pourquoi en ont-ils plus que l'avant-bras, plus que le bras? Retirez, en effet, de ces parties les troncs de la céphalique et de la basilique, et il ne restera que des veines sous-cutanées peu apparentes et des veines musculaires qui égaleront à peine celles qui naissent de la main. Cependant le bras et l'avant-bras sont bien plus volumineux que la main; ils sont, en outre, composés de masses musculaires riches en vaisseaux. Leurs veines devraient donc être très-volumineuses à côté des veines de la main. Pourquoi en est-il autrement? Mais, si on y regarde de près, on verra que ce système veineux particulier correspond justement avec les artères particulières des doigts et de la main. C'est leur voie de retour A des artères spéciales succèdent donc des veines spéciales. Pourquoi? Il y a donc encore des inconnues dans la circulation du membre thoracique? Toutes les artères et toutes les veines du membre ne se ressemblent donc pas. Le sang ne passe pas partout de la même manière des artères aux veines. Voici, aux mains et aux doigts, des artères et des veines où il doit passer facilement, comme l'injection, directement comme elle. Dans les autres artères et dans les autres veines du membre, il doit passer difficilement, comme l'injection, et dans des trames organiques qu'il doit nourrir. Voici, dans l'extrémité des membres, une circulation directe, sans afférence avec la nutrition; voilà, dans tout le membre, une circulation plus indirecte et nutritive.

Et après? dira-t-on; que signifie tout cela? à quoi bon? Je vois bien des faits réels, des conséquences nécessaires, mais je ne vois pas la finalité dernière, la raison d'être. Quel rôle peut jouer, dans le membre, cette circulation directe, entée sur les confins de la circulation nutritive? La nature n'est point inconséquente, apparemment. Si ce sont là des réalités, il faut montrer leur but. C'est en lui qu'elles trouveront leur consécration naturelle. Cherchons. La physiologie nous éclairera bientôt à son tour.

L'étude de la circulation du sang dans le membre supérieur n'est point aussi simple qu'on l'imagine généralement. On se contente d'une vue d'ensemble. Le sang passe, dit-on, des artères aux veines. Cela est vrai; tout doit donc être dit. La vérité de l'ensemble n'a point laissé supposer que les détails étaient variés et peut-être très-intéressants à connaître. Tout ce qui a été appris sur la circulation du sang dans le bras a été fourni par l'étude des veines céphalique et basilique. Placées sous les yeux et sous la main de l'observateur, ces veines ont été examinées plus particulièrement que les autres. Mais nous savons maintenant qu'elles correspondent aux courants du sang qui prennent la voie spéciale et directe des artères des mains et des doigts. Elles sont étrangères à toute cette autre quantité de sang qui passe dans les organes du membre et qui entretient leur vie et leurs mouvements. Cette dernière partie de la circulation dont les vaisseaux sont profonds ou peu sensibles à la surface de la peau nous est absolument inconnue. On suppose que le sang circule partout comme il circule dans les veines des mains et des doigts. Mais cela ne peut pas être : c'est une erreur.

Le premier fait que nous remarquons dans la circulation des veines des mains, c'est son intermittence, et ce fait suffirait, à lui seul, pour démontrer cette erreur. Tantôt ces veines ne reçoivent aucune goutte de sang, tantôt elles n'en reçoivent qu'un filet maigre et lent, tantôt elles en reçoivent une colonne volumineuse et rapide. Leur circulation éprouve toutes les gradations possibles entre son interruption et sa turgescence. Croit-on qu'il en soit ainsi dans tout le bras? Croit-on que lorsque la circulation cesse dans les veines céphalique et basilique elle cesse en même temps partout? Peut-on imaginer que toutes les veines du membre puissent être vides à la fois? Assurément, non. La nutrition et la vie seraient incompatibles avec cet arrêt de la circulation. La nutrition est une fonction incessante; la circulation qui en fournit les éléments doit être incessante comme elle. Pendant les froids de l'hiver, les veines basilique et céphalique restent des heures entières, tous les jours, sans donner passage au sang; le membre supérieur n'en a pas moins sa sensibilité, sa motilité, sa vie tout entière. La circulation nutritive continue partout, à la main comme au bras; celle des veines céphalique et basilique est seule interrompue. Ces deux circulations ne sont donc point solidaires. La première reste constante, la seconde peut baisser ou même disparaître pour un temps plus ou moins long. Pendant les chaleurs de l'été, après un repas généreux, les veines des mains apparaissent et se gonflent; mais leur turgescence n'est point accompagnée d'une semblable turgescence veineuse dans tout le membre. Nous voyons bien, sous la peau de l'avant-bras et du bras, les troncs distendus de ces veines, mais nous ne voyons pas ceux qui devraient sortir en abondance de ces parties si la circulation y était en ce moment proportionnelle à celle des mains. D'ailleurs, les veines profondes du bras et de l'avant-bras sont trop petites pour recevoir des crues sanguines pareilles à celles des mains et proportionnées encore au volume du bras et de l'avant-bras. D'un autre côté, lorsque les veines céphalique et basilique sont traversées par des courants sanguins précipités, peut-on croire que des courants semblables existent dans tous les tissus?

Veut-on avoir une idée de la rapidité qui emporterait alors le sang dans les organes? Pressez avec le doigt une des veines dorsales de la main; en allant de haut en bas, videz ainsi son calibre et soulevez ensuite le doigt qui faisait obstacle au cours du sang. Vous verrez aussitôt la colonne sanguine se précipiter dans la veine avec une vitesse que l'œil pourra suivre avec peine. Croit-on que le sang, entraîné dans un pareil tourbillon dans toutes les trames organiques, pût encore obéir aux affinités nutritives? Les vaisseaux capillaires dans lesquels la nutrition s'accomplit ne sont point disposés pour permettre la circulation de courants sanguins aussi déterminés. Anastomosés fréquemment ensemble, sous tous les angles, quelquefois bout à bout, leur circulation est soumise à des fluctuations diverses. Lente sur un point, elle devient quelquefois rapide sur un autre. Tantôt un courant sanguin accélère sa marche, tantôt il la ralentit ou l'arrête même complétement. Bichat a pu dire, avec une apparence de raison, « que le sang marchait dans les capillaires sous l'influence de la tonicité de leurs parois. » Il n'eût jamais énoncé une semblable proposition pour les racines des veines céphalique et basilique. Ici l'action du cœur est manifeste, son vis a tergo est dominant, obligatoire, et la direction du sang est unique, déterminée, certaine. Quel que soit le point de vue où on se place, il ressort toujours de notre examen que la circulation du sang dans les veines du membre est différente de celle des veines des mains. Lorsqu'un accès de colère précipite les mouvements du cœur et pousse coup sur coup, dans les artères du membre, un flot surabondant de sang, croit-on que le sang fait effort également partout? Non. Les lois de l'hydraulique sont alors appliquées. Le sang se dirige vers les points où son écoulement trouve le moins de résistance. Les injections ont montré que les passages artériels aux veines céphalique et basilique étaient plus faciles que partout ailleurs. C'est vers ce point du système artériel que le trop-plein des artères est alors dirigé. C'est par là qu'il s'écoule dans les veines, et son écoulement laisse au reste de la circulation son égalité et sa constance habituelles. La physiologie connaît déjà cette loi de l'hydraulique, et la doctrine des saignées dérivatives ou révulsives n'a pas d'autre fondement. Haller confirme enfin ce principe. « Lorsque le sang coule facilement par des veines, dit-il, sa marche devient en même temps plus rapide dans les artères correspondantes. » La circulation des veines céphalique et basilique reçoit donc le trop-plein passager ou permanent des artères du membre; leur circulation est une circulation dérivative : elle ne peut point être autre chose. Lorsqu'une terreur subite, le froid, la faim, tout le cortége des causes dépressives, ralentissent et diminuent l'action du cœur, ces veines s'affaissent ou se vident. Quel rôle jouent-elles alors? Le courant artériel a baissé avec l'action du cœur; il s'épuise par sa distribution successive aux organes du membre, et, lorsqu'il atteint son extrémité, il est réduit ou même nul, et les veines qui le suivent restent petites ou effacées. L'utilité de la dérivation artérielle cesse momentanément, et ses veines se vident aussi momentanément. Aucune autre partie du système veineux ne pourrait ainsi se remplir et se vider indifféremment; elles ne sauraient être remplacées dans leur rôle dérivateur, et ce rôle est un trait de sagesse de plus dans l'économie du membre. Il correspond aux alternatives variées et profondes de sa circulation artérielle, il efface ses irrégularités fréquentes et tranchées, il maintient enfin la constance et l'égalité de la circulation interstitielle.

Il peut donc y avoir en même temps deux circulations différentes dans le membre supérieur. L'une d'elles est générale, permanente, régulière, nutritive; l'autre est localisée dans quelques vaisseaux du coude et surtout dans les artères et les veines des mains; elle est inconstante, irrégulière, et a pour but uniquement de dériver le sang surabondant du système artériel du membre.

## DE LA CIRCULATION DU SANG DANS LE MEMBRE PELVIEN.

S'il est entré dans les desseins de la nature d'établir sur le parcours de la circulation du sang des vaisseaux d'un accès plus facile destinés à dériver les crues subites qu'elle peut éprouver, ces vaisseaux doivent se rencontrer aux membres inférieurs et dans la tête comme au bras. En effet, leurs artères sont aussi les grands rameaux de l'arbre artériel général dont la base est au ventricule gauche du cœur. Les troubles que cet organe soulève dans la circulation doivent se transmettre dans leur intérieur aussi bien que dans les artères du membre thoracique; recherchons, dans le membre inférieur d'abord, les vaisseaux chargés de maintenir l'égalité de la circulation organique; s'il nous est donné de les démontrer, la circulation dérivative recevra une autorité nouvelle et de plus en plus respectée.

Lorsqu'on pousse par l'artère crurale, au pli de l'aine, un liquide pénétrant après avoir coupé la veine crurale à l'embouchure de la grande veine saphène et divisé ainsi ces deux veines, le liquide injecté revient très-promptement par leur intérieur. Il revient cependant plus vite et plus abondamment par la veine crurale que par la saphène. C'est le contraire de ce que j'espérais et le contraire de ce qui se passe au bras, où les veines superficielles ramènent surtout l'injection. Je savais bien que la veine saphène externe se jette dans la veine poplitée et verse ainsi dans les veines profondes le liquide dont elle s'était chargée, mais cela ne suffisait pas, à mes yeux, pour expliquer l'abondance du retour par la veine crurale. Ce résultat inattendu troublait mes idées; d'un autre côté, les artères de la plante du pied sont moins nombreuses et moins importantes que celles de la paume de la main. Il n'y a au pied qu'une arcade artérielle. Il y en a deux à la main; en outre, les collatérales des orteils sont bien inférieures en volume à celles des doigts. Bichat, à qui le fait n'a point échappé, y voit une confirmation de sa théorie sur le rapport de la richesse artérielle des parties avec la quantité de mouvement qui s'y trouve exécuté. Il ne dit point ici, comme pour la main, que la quantité de sang est en disproportion avec les organes et qu'il ne saurait être employé tout entier à la nutrition.

Je voyais bien, il est vrai, aux extrémités inférieures, les deux veines saphènes naître du pied et des orteils, comme les deux veines céphalique et basilique naissent de la main et des doigts. Je savais bien que ces deux veines n'ont point d'artères parallèles et que tous les anatomistes s'accordent à les regarder comme les veines analogues des veines sous-cutanées du bras. Mais comment espérer plus longtemps que cette analogie de dispositions pourrait indiquer une analogie fonctionnelle? Les veines saphènes n'étaient point la principale voie de retour de la circulation dérivative que je présumais devoir exister au membre inférieur. Cette circulation elle-même allait-elle être retrouvée, puisque les injections revenaient par les veines profondes, qui lui sont presque étrangères, au membre thoracique? J'employai sur l'artère crurale l'injection plastique dont je m'étais déjà servi utilement, et je demandai de nouveau à l'anatomie le dernier mot de mes suppositions. Le membre abdominal ainsi injecté change, par place, de coloration. La peau de la cuisse et de la jambe a conservé sa couleur naturelle; celle du genou et du pied devient, au contraire, brunâtre, comme le coude et la main l'étaient devenus plus haut. La concordance de ce même effet dans les parties similaires des deux membres ramenait vivement mon esprit dans la voie de l'analogie. La dissection confirmerait-elle ces promesses?

Les téguments du membre inférieur, depuis le haut de la cuisse jusqu'aux malléoles, présentent de fréquentes injections artérielles très-déliées; mais le liquide injecté n'a atteint sur aucun point les racines veineuses, excepté dans la partie antérieure du genou. Les vaisseaux prennent dans cet endroit une disposition remarquable : les artères y sont plus nombreuses qu'à la cuisse et à la jambe, elles y sont moins branchues, plus filiformes; au lieu de marcher solitairement comme dans les deux régions, elles sont accompagnées de plusieurs veinules filiformes comme elles et remplies d'injection. Ces traînées vasculaires très-fines rappellent, en très-petit, le souvenir du cordon spermatique entouré de ses vaisseaux. L'artère et les veines qui les composent communiquent entre elles, dans leur parcours et dans le chevelu très-fin qui les termine insensiblement; ces traînées de vaisseaux se voient dans les couches successives du tissu cellulaire sous-cutané, dans le tissu cellulo-fibreux qui circonscrit la bourse muqueuse prérotulienne, entre les paquets adipeux qui doublent la peau et jusque dans les aréoles du derme. De ces radicules veineuses naissent des troncs veineux remplis d'injection; quelques-uns vont se jeter dans la veine saphène interne, à son passage à la hauteur du genou, et versent l'injection dans son intérieur. Cette veine, qui n'en contenait point à la jambe, en renferme au niveau du genou et n'en offre plus à la cuisse. D'autres troncs veineux s'élèvent vers la racine du membre, sous la peau, où l'on suit la diminution graduelle de l'injection qui les a pénétrés et où ils apparaissent bientôt vides et transparents. D'autres encore, à la partie externe du genou, vont communiquer avec les veines issues des téguments du mollet; mais, avant de les atteindre, ils ont perdu l'injection qu'ils avaient reçue dans leurs origines seulement. Autour de la rotule et sur la face externe de cet os, les vaisseaux se montrent en grand nombre. Des artères sorties de chaque côté du muscle triceps crural entourent cet os comme une couronne et se ramifient en tous sens. Chaque artère et chaque division artérielle est accompagnée de deux veines et de deux divisions veineuses, une de chaque côté. Les vaisseaux marchent ici trois à trois au lieu de marcher en traînées nombreuses, s'arborisent promptement, et ces triples arborisations communiquent ensemble à tout instant. Cette disposition ressemble exactement à celle que nous avons déjà remarquée sur la face libre de l'olécrane. La vascularité du genou à sa partie antérieure est digne de remarque. La température naturellement froide et la couleur de cette région ne pouvaient pas faire pressentir la richesse de ses réseaux sanguins. Les phénomènes inflammatoires de l'arthrite aiguë pouvaient seuls les faire présumer. Il fallait une injection pénétrante pour mettre en lumière cette abondance de vaisseaux dans ces tissus fibreux et d'apparence albuginée. La nutrition de ces parties n'a pas déterminé les rapprochements de ces nombreux canaux sanguins. Cela n'a pas besoin d'être démontré. Étalées sur des surfaces larges ou réunies en traînées, les artères et les veines multiplient ainsi leurs points de contact et facilitent leurs communications. La circulation directe du sang des unes aux autres a présidé seule aux dispositions vasculaires des artères qui donnent des divisions imperméables pour l'injection dans le muscle triceps et fournissent ici des racines que l'injection traverse aisément pour pénétrer au loin dans les veines qui les suivent.

Partout ailleurs les filets artériels de la cuisse et de la jambe sont seuls injectés. Quels que soient les tissus qu'on examine à la loupe, les veines se montrent partout affaissées et transparentes.

Cet ordre de vaisseaux se trouve, au contraire, plus ou moins rempli dans les pieds. L'origine des deux veines saphènes a reçu l'injection des artères autour des ongles, dans la peau du bord externe et particulièrement du bord interne du pied. Ce point, qui correspond dans le pied à la peau de l'éminence thénar où nous avons trouvé déjà tant de veines injectées, offre également de nombreuses communications des artères aux veines. Pendant la vie, le matin, au sortir du lit, on peut compter sur ce point une vingtaine de veines saillantes sous la peau et se jetant dans la courbe que la saphène forme dans cette région. Nous trouvons aussi dans la dissection de la plante du pied des artères communiquant abondamment avec les veines. En avant, dans le bourrelet que la peau forme sous la tête des métatarsiens, un véritable chevelu artériel pénètre la face profonde du derme. Dans ses aréoles les artères communiquent avec les veines. Les racines veineuses injectées vont se jeter dans des troncs veineux errant çà et là sur la face profonde de la peau. Ces troncs traversent ensuite la couche adipeuse de la plante du pied et s'abouchent avec les veines qui accompagnent l'artère plantaire et ses divisions. Ces veines sont injectées jusque dans les veines tibiales postérieures. Cette disposition explique pourquoi le retour de l'injection aqueuse se fait si abondamment par la veine crurale, au lieu de prendre particulièrement la route des veines superficielles, comme cela se voit dans les injections aqueuses du bras. Il est aisé d'entrevoir le but que la nature se propose en dirigeant une partie du sang veineux sous les muscles du mollet. La circulation dans le membre pelvien se trouve contrariée incessamment par les lois de la pesanteur. Les colonnes sanguines placées entre les muscles de la partie postérieure de la jambe progressent ainsi sous l'influence de leurs contractions et avec l'appui qu'ils fournissent aux parois veineuses, et la marche du sang devient plus facile. D'un autre côté, les veines de la plante du pied, vidées par les pressions alternatives qu'elles éprouvent dans la marche, se trouvent également bien placées pour favoriser la circulation qui les traverse. Les veines saphènes sont, au contraire, sans soutien, et le cours du sang y éprouve des embarras qui les rendent fréquemment variqueuses. Leurs parois sont cependant très-épaisses, beaucoup plus denses que celles des veines céphalique et basilique; mais cela ne suffit pas pour effacer l'influence de la déclivité du membre sur leur circulation, et la nature a dû rechercher des voies plus heureusement situées pour le retour du sang de l'extrémité pelvienne. Si nous recherchons encore dans le pied les vaisseaux directs qui peuvent s'y trouver, nous en rencontrerons quelques-uns sur les enveloppes fibreuses de l'articulation tibio-tarsienne. Ce sont les équivalents de ceux que nous a offerts l'articulation du poignet. Les muscles, les os, les tendons, etc., ne présentent aucune trace de cette circulation. Il devient de plus en plus manifeste que la dérivation du sang dans les membres a été conçue sur un plan unique, réalisé dans les parties similaires de ces extrémités. Le coude et le genou, les doigts et les orteils, la peau de l'éminence thénar et celle du côté interne du pied, etc., suffisent pour établir cette proposition. Leurs vaisseaux sont les premiers qui donnent passage au sang d'une manière directe. L'anatomie philosophique, qui retrouvait déjà tant de points de contact dans l'organisation des deux membres, devra signaler désormais ceux qui résultent d'une circulation dérivative analogue instituée sur les points analogues de leurs diverses parties.

Le membre pelvien offre donc aussi, comme le membre thoracique, une circulation du sang dans les trames organiques, constante, égale, nutritive.

Mais il présente souvent aussi une circulation du sang supplémentaire, inconstante, inégale, dérivative et localisée dans certains vaisseaux du genou et surtout dans certaines artères du pied, abouchées avec les veines saphènes et même avec les veines profondes de l'extrémité du membre.

## DE LA CIRCULATION DU SANG DANS LA TÊTE.

Examinons maintenant le cours du sang dans une autre grande division du corps humain.

La tête, si différente des membres par sa forme générale et par les organes qu'elle contient, doit-elle, malgré cela, réaliser les données de la circulation dérivative? Le retour du sang, déjà favorisé par la position élevée qu'elle occupe, devait-il recevoir encore le concours des vaisseaux directs? La disposition des canaux sanguins, déjà si savamment combinée, devait-elle encore se compliquer des particularités qu'entraîne la circulation dérivative? Ces questions se présentent naturellement au début de l'étude délicate que nous allons commencer. Où sera notre guide? Les injections aqueuses, qui nous ont mis sur la voie de ces recherches, sont muettes pour la tête et font défaut en même temps que l'observation et l'analogie.

Ces injections, poussées par l'artère carotide primitive, reviennent par toutes les veines jugulaires du cou sans avoir gonflé visiblement les veines de la tête. Par quelles origines veineuses ces injections ont-elles passé? Viennent-elles de l'extérieur ou de l'intérieur du crâne ou de partout à la fois? Pendant la vie, les veines du visage sont rarement apparentes. Le sang, qui les traverse dans la direction de la pesanteur, descend avec rapidité et se perd immédiatement dans les veines profondes et la veine cave supérieure. Son abondance ou son séjour dans les veines de la face gonfle rarement les vaisseaux. Voit-on, après une digestion copieuse, les veines du visage sillonner cette région, comme les veines céphalique et basilique sillonnent les mains? Je ne parle pas de celles du cuir chevelu ; elles sont encore plus invisibles. D'un autre côté, la méthode analogique manque à nos investigations. Il y a bien, au cou, des veines superficielles, marchant sans artères parallèles, comme les veines dérivatives des membres. Mais ces veines jugulaires, superficielles, solitaires au cou, deviennent, à la tête, les satellites des artères maxillaires internes, temporales, auriculaires, etc. Il n'y a donc entre elles et les veines sous-cutanées des membres que des analogies trompeuses ou très-éloignées. Dans quel point de la tête pourrait d'ailleurs se trouver localisée une circulation dérivative analogue à celle des mains ou du pied? Bichat dit bien que les dernières divisions de l'artère faciale sont nombreuses et en rapport avec la quantité de mouvement de la face. Nous avons bien vu que cette théorie infidèle lui avait dérobé, une fois déjà, le véritable motif de la richesse vasculaire qui le frappait. Cette même théorie, appliquée aux divisions de l'artère faciale qui se distribuent surtout au nez, est bien plus insuffisante ici que partout ailleurs. Mais quelle apparence y a-t-il que le nez puisse se trouver le siége de la circulation dérivative que nous recherchons? Où sont les veines chargées du retour du sang?

La nature est pourtant régulière dans ses procédés. Elle transforme ses moyens et les accommode aux circonstances; mais elle n'en change pas brusquement. La circulation dérivative, instituée dans les membres, pouvait-elle être oubliée dans l'extrémité céphalique? La quantité de sang reçue par la tête est cependant bien remarquable. Elle est supérieure à celle que reçoit le membre abdominal; que dis-je? elle est supérieure à celle que reçoivent les deux membres abdominaux ensemble. En effet, les deux artères carotides primitives sont presque l'équivalent des deux artères crurales, et la tête reçoit encore les deux artères vertébrales. Comment supposer qu'il n'y a point de circulation dérivative pour une circulation si abondante, répandue sur une extrémité offrant si peu de surface que la tête? D'un autre côté, si les organes composants des membres ont dû être mis hors de la portée des crues du courant artériel, les masses cérébrales devraient être protégées plus particulièrement encore, soit à cause de la délicatesse de leur texture, soit à cause de l'éminence de leur rôle dans la vie. Ce que nous savons du cours du sang dans la tête nous montre les soins pris pour agencer sa circulation, en vue de ménager l'organe pulpeux qu'elle renferme. Étudions un instant la structure de son système vasculaire, et nous verrons que ce but inspire les artifices nombreux et sans exemple qu'il présente. Cela n'a point été assez remarqué.

Le système artériel de la tête est divisé en deux parties distinctes représentées par la carotide externe, d'une part, et par la carotide interne et les vertébrales de l'autre. Cette division ne repose point sur une méthode d'étude arbitraire, elle s'appuie sur les considérations d'anatomie et de physiologie les plus tranchées.

Le système carotidien interne se distribue au cerveau, suit l'évolution de cet organe et prédomine avec lui dans l'enfance; il est intra-crânien surtout. Renfermé dans la cavité de la dure-mère, il n'en sort que par un seul point et n'envoie au dehors qu'une seule branche, unique trait d'union entre lui et le système carotidien externe. Celui-ci se distribue dans les organes nombreux et divers qui composent le crâne et la face; il suit l'évolution à long terme de cette dernière partie et se trouve développé surtout avec elle chez le vieillard; il est péricrânien, excentrique au premier, et s'arrête invinciblement, de toute part, à la dure-mère. Pourquoi une séparation aussi prononcée entre les artères d'une même partie? pourquoi isoler ainsi le système artériel du cerveau de celui de la face et du crâne? A un organe aussi fragile et aussi important que l'encéphale, il fallait donner d'abord un ensemble artériel solitaire où il fût permis d'instituer une circulation à part sans analogue dans l'économie humaine. Poursuivons.

Les troncs carotidiens et vertébraux montent isolément, sans se diviser, vers la base du crâne, où ils subissent des courbures répétées et étendues. Bien que ces courbures soient imposées ici par les mouvements de latéralité de la tête sur le rachis, elles ont en même temps pour effet de diminuer la rapidité du sang dans leur intérieur. La nature est habile à retirer des effets variés d'une cause unique.

A leur entrée dans le crâne, ces quatre troncs, placés à la partie inférieure du cerveau, communiquent bientôt entre eux; en arrière, les deux vertébrales forment l'artère basilaire; en avant, l'artère communicante antérieure unit les dents carotides internes, et, pour la première fois, on voit les vaisseaux symétriques mêler, par des fusions sans pareilles, le sang venu des deux côtés du corps; enfin les troncs vertébraux et carotidiens sont réunis, à leur tour, par la communicante postérieure. Ces larges inosculations confondent les courants sanguins, balancent leurs volumes et forment de l'ensemble artériel un tout harmonieux dont l'impulsion est plus uniforme sur tous les points des surfaces cérébrales. Mais est-ce bien tout? Non. Ces artères ne pénètrent point l'encéphale par des troncs volumineux, qui se ramifient ensuite dans son intérieur comme cet ordre de vaisseaux s'introduit et se divise dans les autres organes. L'impulsion d'artères volumineuses dans la substance cérébrale et l'ébranlement intestin qui en fût résulté n'eût pas été sans danger peut-être pour la mollesse de cet organe ou pour la subtilité de ses fonctions. Les artères rampent dans les anfractuosités et sur les circonvolutions cérébrales, développant ainsi des courbures nombreuses et des divisions infinies; mais, si les troncs artériels primitifs s'anastomosaient abondamment entre eux tout à l'heure, les branches et les divisions s'anastomosent rarement maintenant. Elles s'enfoncent dans la substance de l'organe comme de longs fils droits et isolés. Si dans les courbures artérielles de la pie-mère la marche du sang était ralentie, dans ces longues artérioles de la pulpe cérébrale le cours de ce liquide se trouve maintenant plus facile et ne ressent pas les oscillations et les troubles que les anastomoses créent ailleurs dans les courants artériels. Est-il un autre exemple de semblables précautions suivies pour mettre en contact un parenchyme et le sang qui doit le nourrir, pour atténuer l'effet du mouvement de l'un sur la fragilité de l'autre?

Toutes ces combinaisons ingénieuses peuvent-elles cependant le défendre des tumultes de la circulation? Lorsque, dans un accès de colère, le cœur pousse coup sur coup devant lui des ondées rapides et volumineuses, que la face devient vultueuse et les veines du cou gorgées de sang, une semblable irruption aura-t-elle lieu dans les courbures, dans les artères déliées de la pie-mère et de la pulpe du cerveau? Si la circulation dérivative n'était point inventée, elle devrait l'être, en ce moment, pour la tête ; ce serait le couronnement de l'organisation si savante des systèmes artériels de cette extrémité. Rien ne pouvait mieux confirmer mes présomptions sur l'existence de cette circulation que l'étude que nous venons de faire. Donnons maintenant la parole aux injections plastiques et à l'anatomie.

Après avoir lié sur un côté du cou l'artère carotide primitive, et sur les deux côtés les deux artères vertébrales, des injections plastiques noires ont été pratiquées sur l'artère carotide restée libre.

Après cette injection, certaines parties de la tête changent de coloration. Les lèvres, le nez, le front, le bout des oreilles, les pommettes, deviennent brunâtres. La mâchoire inférieure, les tempes, la peau de la partie postérieure de la tête, conservent, au contraire, leur aspect habituel. Laissons les inductions qu'on pourrait tirer de ces changements de couleur au point de vue de la circulation spéciale qui nous occupe. Hâtons-nous de disséquer. L'anatomie nous dira bientôt ce qu'il faut penser de la marche du sang dans ces parties du visage. Mettons à découvert la veine faciale, de bas en haut, du côté où l'injection plastique a été pratiquée. Si cette injection a pénétré quelque point du système veineux de la tête, ce point doit se trouver sur le trajet de cette veine qui parcourt les régions spécialement colorées par l'injection.

A son entrée dans la veine jugulaire interne, la veine faciale est vide et affaissée. A son passage sur l'os maxillaire inférieur, elle est encore vide. A la hauteur de la commissure des lèvres elle est toujours vide. Les branches qu'elle a reçues dans ce trajet sont vides comme elle jusque dans leurs radicules. La veine labiale inférieure est vide comme les autres, bien qu'elle naisse dans la lèvre inférieure noire d'injection. La veine labiale supérieure offre, au contraire, des radicules injectées venant de la peau. A la hauteur correspondante du visage la veine faciale est aussi injectée. Dès lors toutes les branches de cette veine sont plus ou moins remplies d'injection. Autour des ouvertures du nez, à la partie inférieure principalement, les vaisseaux injectés forment un cercle épais. Les artères et les veines s'y trouvent entremêlées, les unes sur les autres. A la face profonde de la peau du nez et de la membrane muqueuse qui recouvre les fibro-cartilages, la cloison et la partie antérieure du cornet ethmoïdien inférieur, tout est vaisseau injecté. Les réseaux capillaires, étalés sur ces surfaces, forment une couche épaisse, noire, à mailles serrées, d'où émergent en tous sens des veinules pleines d'injection. Ces veinules vont se jeter dans la veine faciale, où, rampant sur le dos du nez, elles gagnent la veine angulaire ou même les branches intra-orbitaires de la veine ophthalmique. D'autres prennent la voie des cavités profondes de la face et se jettent dans les veines qui accompagnent les dernières divisions de l'artère maxillaire interne et même dans le sinus caverneux de la dure-mère. Le pavillon et la conque de l'oreille montrent encore les dernières divisions des artères auriculaires postérieure et supérieure directement abouchées avec les racines veineuses du même nom. Ces communications, larges chez les vieillards, ne sont point toujours visibles cependant. Nous n'avons pas trouvé dans les autres téguments de la tête, pénétrés par l'artère carotide externe, d'injection veineuse. Les parties profondes, muscles, glandes, tissus adipeux alimentés par cette artère, n'offrent point d'autres communications artéro-veineuses injectées. Il en est de même des nerfs, des os et du périoste. Les veines sont vides partout et transparentes. On peut dire que l'artère faciale est la première et la principale voie par laquelle le sang du système artériel péricrânien se déverse directement dans le système veineux. C'est la seconde fois que Bichat signale l'abondance des artères sur les points où se fait la circulation dérivative. Je ne puis passer sous silence cette coïncidence surprenante. Nous avons dit ailleurs comment il faut l'expliquer.

Mais il y a dans la tête un autre système artériel formé par la carotide interne et par l'artère vertébrale et destiné aux masses encéphaliques. Où seront ses artères dérivatives? Suivons peu à peu le système veineux qui lui correspond. Ce système veineux est particulièrement intra-crânien. Les veines cérébrales supérieures, à leur entrée dans le sinus longitudinal supérieur, sont affaissées, sans aucune trace d'injection. Sur les circonvolutions et sur les anfractuosités voisines que leurs troncs enjambent, leur transparence est telle, qu'on peut à peine les distinguer. Elles sont toujours vides jusque dans leurs origines aussi loin que la ténuité de leurs parois a permis de les suivre. Les veines cérébrales moyennes et cérébelleuses, depuis les sinus latéraux et droit, jusqu'à leurs branches, donnent le même résultat. Dans les ventricules cérébraux, les veines de Galien, suivies depuis les corps striés et les couches optiques jusqu'à leur embouchure dans la partie antérieure du sinus droit, n'ont offert aucune injection dans leur intérieur. Il en est de même pour les veines plongeant dans la pulpe encéphalique. Malgré le nombre prodigieux des artères capilliformes que l'œil étonné découvre dans les premières couches du cerveau, les veines sont toujours vides. Les sinus méningiens sont partout vides aussi. Le sinus longitudinal supérieur et surtout le sinus caverneux offrent seuls de l'injection plastique. Pourquoi cette exception ?

Les artères cérébrales contenues dans la cavité de la dure-mère envoient au dehors une artère, l'artère ophthalmique. Cette unique artère va s'anastomoser avec les dernières divisions de la faciale et se répandre sur le parcours de la veine faciale au front. Elle va donc justement se mettre en rapport avec les vaisseaux où se passe déjà la circulation dérivative de la face. Mais ne présumons rien. Disséquons cette même veine faciale que nous avons délaissée quand elle est devenue veine angulaire. Suivons-la quand elle va devenir veine frontale. Son tronc contient toujours de l'injection. Ses branches jusqu'au sommet de la tête en contiennent aussi abondamment. On trouve encore cette injection dans les branches des veines temporales jusque sur le muscle temporal et dans la fosse du même nom. Elle a pénétré dans ces veines par les racines de l'artère ophthalmique. Quelques radicules de cette artère l'envoient aussi en petite quantité dans les veines qui sortent de la face profonde des os du crâne pour se jeter dans le sinus longitudinal supérieur. D'autres, enfin, l'ont versée dans les racines de la veine ophthalmique, dans laquelle l'artère faciale en envoyait déjà, et le sinus caverneux la reçoit ensuite de cette veine. Les artères ophthalmiques sont donc la voie dérivative du cerveau.

Je ne saurais assez remarquer ces dispositions. Les deux systèmes artériels de la tête, si distincts par leur structure et par les organes auxquels ils se distribuent, se réunissent cependant sur une surface commune, et chacune de leurs artères respectives y devient plus perméable que toutes les autres, verse directement le sang qu'elle apportait dans une même veine, et les deux systèmes forment ainsi, dans son intérieur, une circulation commune, sans analogue dans toute autre région de la tête. Il y a là un dessein bien arrêté, un plan primitif.

Mais, si la veine faciale est surtout injectée, nous avons vu que les veines temporales, ophthalmiques et quelques veines méningiennes l'étaient aussi. Il n'y a point de route veineuse absolument obligatoire pour la circulation dérivative de la tête. Comme au membre pelvien, le sang retourne au cœur, par-ci par-là, lentement ou vite, comme il peut. Les voies veineuses ne deviennent, en général, bien déterminées qu'en approchant du cœur, alors que les veines se sont de plus en plus concentrées en des troncs de plus en plus volumineux et de plus en plus solitaires. D'ailleurs, la nature, qui a disposé les artères du cerveau avec tant de soin, a pris moins de souci de ses veines. Tant qu'elles restent cérébrales, elles sont encore bien isolées, et le cours du sang est encore favorisé dans leur intérieur par les mouvements alternatifs d'élévation et d'abaissement de la masse encéphalique. Mais, dès qu'elles ont pénétré dans les sinus de la dure-mère, elles ne sont plus distinctes; le sang qu'elles apportent se mêle à celui des os du crâne et s'écoule rapidement, par l'inclinaison naturelle des sinus, vers leur golfe et dans l'origine de la jugulaire interne. Dès ce moment, le système veineux est commun à toutes les origines veineuses.

Il y a donc, dans la tête comme aux membres, une circulation du sang, dans les vaisseaux des organes, qui distribue constamment, et d'une manière régulière, les éléments de la nutrition. Il y a aussi, en même temps, souvent, une circulation qui se fait dans les dernières divisions des artères faciale, ophthalmique et auriculaires; cette circulation inconstante a pour but de dériver de la tête le sang surabondant que ses artères peuvent recevoir quelquefois, et de verser ce sang dans le système veineux par la veine faciale surtout. La face est le siége de la circulation dérivative de la tête, comme la main et le pied sont le siége de cette circulation dans les membres supérieurs et inférieurs.

Mais cette circulation est-elle toujours aussi absolument limitée que nous venons de le voir? Non assurément. Lorsque dans les expériences on pousse toujours l'injection plastique, malgré son retour par les troncs veineux, les vaisseaux dérivateurs s'injectent et se multiplient. On trouve alors des veinules injectées dans la peau de l'avant-bras et de la jambe, dans les enveloppes fibreuses de l'articulation du coude et du genou, autour de la tête des os, et on voit même des veines injectées sortir par les trous de leurs extrémités spongieuses. Je n'ai jamais rempli cependant les veines musculaires, celles du tissu adipeux, celles du tissu cellulaire, quelque nombreuses que soient les artères filiformes et flexueuses qu'on trouve alors dans la gaîne celluleuse des muscles. Je n'ai point injecté davantage les veines des nerfs, du périoste et des vaisseaux. Avant d'atteindre les dernières artères de ces organes, le flot injecté revient depuis longtemps par les troncs veineux dérivateurs. Ainsi, pendant la vie, lorsque tous les vaisseaux sont déjà remplis, les poussées sanguines, surmenées par le cœur, s'écoulent par les veines dérivatives avant de se faire sentir dans les dernières artères interstitielles. Si le cœur prolonge l'énergie et l'activité de ses mouvements, le sang artériel étend et multiplie ses issues directes dans le système veineux. Mais c'est par les vaisseaux indiqués qu'il passe d'abord, ce sont ceux qui suffisent le plus souvent, c'est autour d'eux que se propage ensuite la dérivation.

## NOTES SUR LA CIRCULATION DÉRIVATIVE.

La circulation dérivative est particulièrement sous la dépendance du cœur et se montre en rapport avec l'activité de cet organe. Tout ce qui accroît l'action de l'un augmente en même temps l'abondance de l'autre; une digestion généreuse, des boissons alcooliques, la joie, la colère, les efforts violents, la chaleur, certains mouvements fébriles, développent cette circulation en développant préalablement l'action du cœur. La faim, la misère, la frayeur, les passions tristes, le froid, diminuent la circulation dérivative en diminuant les mouvements du cœur.

Cependant, lorsqu'on étudie ces rapports, on ne tarde pas à s'apercevoir qu'ils ne sont pas toujours concordants avec ce qu'on entend par l'activité du cœur; on estime que l'activité du pouls est une preuve de l'activité du cœur et un témoignage de l'activité de la circulation; cela est corrélatif, dit-on souvent; cela peut être quelquefois pourtant une erreur. Le pouls peut battre cent fois, cent vingt fois à la minute et les veines dorsales des mains se montrer en même temps affaissées ou presque vides; la fréquence des mouvements du cœur ne donne point la mesure de l'efficacité de son impulsion. Dans certaines maladies du cœur, lorsque cet organe précipite ses mouvements et lorsqu'une systole n'attend pas l'autre, croit-on que la circulation soit très-active? Les congestions passives, les œdèmes des extrémités, prouvent suffisamment le contraire ; diminuez cette fréquence, ralentissez cette activité apparente en donnant de la digitale, et, avec des mouvements lents et rares, la circulation reprendra son cours et les congestions séreuses ou sanguines disparaîtront. Dans une communication orale, Pelletan disait à Bérard : « Des contractions lentes, mais régulières, peuvent pousser dans l'aorte et les artères des ondées longues et peut-être plus rapides que ne le serait une colonne de sang qui n'en marche pas plus vite pour être frappée plus souvent. » Ces idées théoriques sont passées trop inaperçues. L'observation des veines dorsales des mains leur donne une valeur réelle. Le cœur bat quelquefois fréquemment et leur circulation reste lente et rare. D'autres fois cette circulation est rapide et abondante en même temps que le cœur accélère ses mouvements. D'autres fois encore, ces mouvements sont lents, et cependant la circulation des veines reste toujours large et précipitée. Il faut chercher la cause de ces variations de l'abondance de la circulation, dans l'amplitude des systoles du cœur plutôt que dans leur fréquence. Des systoles lentes permettent au ventricule gauche de se remplir en totalité dans leur intervalle ; des systoles complètes ensuite poussent dans l'aorte des ondées amples et animées d'un mouvement énergique, très-actives sur la marche et sur l'abondance de la circulation générale. Les théories physiologiques ont une haute portée dans la pratique de la médecine. Celui qui croit à l'activité de la circulation du sang sur la foi de la fréquence du pouls suivra une conduite conforme à cette pensée et pourrait s'égarer trop souvent. Les veines dorsales des mains devront fournir désormais, surtout entre les deux périodes extrêmes de la vie, le corollaire ou le correctif des indications du pouls sur l'abondance de la circulation. L'abondance du sang artériel est, en effet, la seule cause de la circulation dérivative. La rapidité du sang dans les artères n'a aucune influence sur cette circulation. Lorsque les veines dorsales des mains sont presque vides et donnent passage à un filet de sang, si on arrête son cours en vidant la veine, il se meut ensuite lentement, vermiculairement en quelque que sorte, lorsqu'on lui rend sa liberté. Dans ce cas pourtant la rapidité du sang artériel est toujours bien supérieure, puisque M. Guettet, qui a repris les difficiles études de l'école iatromathématique sur la vitesse du sang artériel, l'estime de nos jours à $0^{m}.50$ par seconde. La rapidité du sang augmente dans les veines dorsales des mains avec son volume, et l'abondance du courant détermine uniquement la vitesse de sa marche.

Abordons maintenant une des questions les plus délicates de la circulation dérivative. A quel état se trouve le sang contenu dans ces veines ? Si ce liquide passe directement des artères dans ces veines, il doit s'y trouver avec ses qualités artérielles. Cela n'est pas cependant. Les saignées des veines céphalique et basilique ne laissent aucun doute sur ce point. Les artères collatérales des doigts communiquent cependant directement avec les veines qui les suivent. Sur ce point étroit des extrémités digitales, il n'y a point de place pour des capillaires et pour des trames organiques à nourrir; pourquoi donc le sang qui en vient est-il noir et veineux? La nutrition est-elle véritablement la cause de la transformation du sang artériel en sang veineux, ainsi qu'on le croit aujourd'hui? Concentrons la question, saignons la veine céphalique du pouce, nous obtiendrons encore un courant de sang noir. Mais pourtant ce sang, noir à la base du pouce, était rouge à son extrémité, dans l'artère. Comment, dans un trajet si court, dans le temps imperceptible employé par le sang pour venir de l'extrémité du doigt à sa base, la nutrition du pouce aurait transformé tout ce sang artériel en sang veineux? Non, la nutrition de quelques phalanges et d'un peu de peau n'a pas demandé en si peu de temps tout le sang qui sort par la veine. Que s'est-il donc passé dans ce court trajet, dans ce court instant, de l'artère collatérale à la veine qui la suit? Un seul fait. Le sang a perdu le mouvement saccadé qui l'animait dans l'artère. Mais l'impulsion saccadée et artérielle est-elle la condition de la permanence de la couleur du sang? Je le crois. Voyez ce qui se passe souvent dans la saignée. La veine donne d'abord du sang noir, puis, si la saignée est abondante et rapide, si l'action du cœur est toujours énergique, la scène peut changer; la veine donnera du sang rouge, rutilant, artériel. Que se passe-t-il dans cette veine ouverte quand elle donne du sang rouge après du sang noir? Un seul fait : un retour ou mouvement saccadé, artériel. Le sang des collatérales ne trouvant plus devant lui la colonne de sang que la saignée a retiré, entre abondamment et sans résistance dans les veines et y ressent encore le mouvement saccadé qui le pousse aisément ; la saignée veineuse rutilante est aussi saccadée ; les deux phénomènes marchent ensemble, et, à considérer les apparences, on pourrait croire maintenant qu'une artère est ouverte au lieu d'une veine. Ce fait, resté sans explication, devient facile à comprendre quand on se souvient de la perméabilité des artères qui alimentent les veines dérivatives ordinairement saignées. On peut expliquer de la même manière le pouls des veines dorsales des mains observé par Martin Solon et par MM. Ward, Velpeau, etc., sur des sujets dont le sang très-fluide pénétrait plus facilement ces veines toujours si facilement pénétrables. La saignée rutilante des veines saphènes, l'hémorrhagie rutilante des varices des jambes, observées par M. Nélaton, doivent être interprétées de la même manière.

Ce n'est pas, d'ailleurs, la première fois que la science remarque l'influence du mouvement sur le sang. Depuis Harvey et Boerhaave le mouvement a été regardé comme une condition de sa vie. Les globules sanguins, rougis au contact de l'oxygène dans le poumon, transportent dans les capillaires ce gaz légèrement enchaîné, comme dit Bérard ; le ralentissement du sang dans les radicules veineuses, larges, dilatables et inertes, permet alors que ce gaz soit ou abandonné ou transformé en acide carbonique, comme le veut Liebig. En tout cas, la couleur rutilante est alors perdue sur-le-champ. Cet effet du ralentissement du cours du sang sur la couleur de ce liquide est encore moins surprenant que l'effet de l'absence du mouvement sur la fibrine qu'il contient; lorsqu'il entre en repos, cette fibrine en dissolution se précipite et le sang se coagule. Le mouvement a donc sur l'état des particules de ce liquide vivant une grande influence; non-seulement il est la condition de la stabilité de sa couleur, mais il est encore la cause de la permanence de quelques-unes de ses agrégations chimiques.

Mais l'action chimique qui accompagne le changement de couleur du sang ne saurait constituer, à elle seule, la nutrition des organes. Pour que les tissus se nourrissent, il faut apparemment qu'il se passe autre chose que le déplacement de l'oxygène et la formation d'acide carbonique dans les globules du sang. Le courant sanguin qui prend la voie des vaisseaux dérivateurs et qui ne sert point à la nutrition conserve donc toutes ses qualités réparatrices, moins la couleur artérielle. Cette quantité de sang est très-abondante, les veines superficielles des membres ramènent souvent la plus grande partie du sang que ces membres ont reçu, et il n'est pas sans intérêt de fixer ici ce point de vue contraire aux idées acquises. Tout le sang en circulation dans le corps ne sert donc point à sa nutrition ou aux sécrétions diverses; une grande partie revient au cœur et au poumon, et n'a subi, dans le cercle où il tourne, que des modifications respiratoires; cette partie se charge d'oxygène dans le poumon, le retient dans son parcours artériel, le perd dans les veines dérivatives et retourne au poumon où il s'imprègne de nouveau d'oxygène. Cette quantité de sang varie beaucoup puisqu'elle suit les alternatives de la circulation dérivative. L'acte respiratoire varie donc beaucoup lui-même avec cette circulation, suivant un grand nombre de circonstances, suivant les âges, suivant les climats.

La circulation dérivative est moins considérable dans l'enfance que dans l'âge adulte et surtout dans la vieillesse; ses intermittences sont également moins absolues. J'ai fréquemment constaté ces faits, dans des observations faites concurremment sur des adultes et sur des enfants, dans un même milieu ambiant, après un repas commun et dans des conditions communes de tranquillité. J'ai souvent réfléchi sur les causes de cette particularité de la circulation dérivative de l'enfance. J'incline à penser que la vascularité des parenchymes, plus grande à cet âge, absorbe une quantité de sang artériel plus considérable, rend ainsi sa surabondance artérielle moins élevée et la circulation dérivative moins évidente. D'un autre côté, le cœur de l'enfant répond plutôt aux causes d'excitation, par des contractions fréquentes que par des systoles énergiques; il bat pour rien : mais cette fréquence de ses battements n'entraîne pas toujours l'abondance de la circulation artérielle et conséquemment l'abondance de la dérivation. Les veines des mains sont le plus souvent peu apparentes dans l'enfance et se gonflent rarement. Il n'en est pas de même à l'autre extrémité de la vie : les veines des mains du vieillard sont toujours saillantes sous la peau et leur volume éprouve moins d'intermittence. Les anatomistes reconnaissent que le système veineux se développe avec l'âge; ce développement est surtout manifeste sur les veines dérivatives. Les veines profondes, les veines musculaires des membres restent, au contraire, stationnaires. Arrêtons-nous un instant sur un sujet si intéressant.

La vieillesse apporte de grandes modifications dans la structure du système sanguin. Les grosses artères se couvrent d'ossifications et leurs parois perdent leur élasticité; les petites artères s'oblitèrent et la vascularité des organes diminue. En même temps, le cœur aortique augmente de volume. Pendant que les autres muscles s'émacient partout, celui-ci se développe et multiplie ses mouvements. Cela devait être. La circulation du sang est devenue, en effet, plus difficile. Par suite de l'inertie des parois artérielles ossifiées, la colonne sanguine se meut tout d'une pièce, sous l'unique impulsion du cœur. Elle progresse lentement et le sang surabonde dans les artères. Il surabonde d'autant plus qu'il est devenu d'un emploi moins général avec l'oblitération plus prononcée des capillaires artériels. Comment s'écoule cette surabondance? Par les voies dérivatives. Ces veines grossissent et se multiplient avec l'âge. Le système sanguin du vieillard est donc devenu l'inverse de ce qu'il était dans les premiers âges de la vie. La portion artérielle était autrefois abondante, perméable et versait dans les trames organiques de riches courants d'un sang vivifiant; elle tend à s'atrophier de plus en plus aujourd'hui. La portion veineuse dérivative, peu apparente autrefois et d'une capacité restreinte, devient, chez le vieillard, de plus en plus spacieuse, de plus en plus suivie. Une nouvelle circulation tend à s'établir. Elle va désormais se passer de plus en plus en dehors des organes, de plus en plus sans afférence avec la nutrition, et devenir ainsi uniquement vasculaire. De l'intérieur des artères le sang gagne les voies dérivatives, qui le ramènent au cœur et ainsi de suite.

Des changements aussi profonds ne peuvent se continuer longtemps sans conduire infailliblement à l'extinction de la vie. La circulation du sang ne peut laisser les appareils organiques sans réparations et les fonctions languissantes, sans amener le terme final, la mort. L'origine de la vie, sa condition première, permanente et dernière, c'est le contact de la molécule vivante avec l'élément réparateur qui maintient sa stabilité, malgré son éternel mouvement. L'homme mourrait fatalement, sans accident intercurrent, car ce contact se détruit fatalement par l'insuffisance des instruments circulatoires qui l'entretenaient. L'homme meurt peu à peu par le système sanguin et surtout par le système artériel.

Avant de quitter la circulation dérivative du vieillard, j'appellerai l'attention sur des changements qui se passent dans cette circulation à la tête. Pendant le cours des phases successives de la vie de l'homme, le sang offre des tendances variées. Chez l'enfant, il se porte au cerveau, chez le jeune homme dans la cavité thoracique, chez l'homme mûr dans la cavité abdominale. Ces afflux sanguins circonscrits sont déterminés par le développement successif ou par la prédominance fonctionnelle des organes contenus dans ces cavités. Dans la vieillesse, le sang se porte de nouveau vers la tête. Des changements visibles surviennent alors fréquemment sur les points qui sont le siége de la circulation dérivative dans cette partie. Les oreilles rougissent souvent d'une manière plus ou moins permanente, et le nez grossit fréquemment plus ou moins. Ses vaisseaux s'injectent et paraissent souvent sous la peau. Mais si le vieillard ajoute aux influences de l'âge sur la circulation dérivative les excitations répétées des boissons alcooliques sur cette même circulation, il se produit dans le nez des modifications ineffaçables. Les capillaires de cette partie du visage se multiplient, s'injectent et rougissent. Il n'est pas rare de rencontrer chez de vieux ivrognes un nez volumineux et déformé par des excroissances rougeâtres et turgescentes. Lorsqu'on injecte la tête de ces vieillards pour démontrer la circulation dérivative qui a lieu, en partie, dans le nez, on trouve, à la dissection, les membranes muqueuses des ouvertures nasales épaissies et formées par une sorte de tissu érectile, dont l'injection a pénétré les nombreux méandres vasculaires, dilatés et d'où l'on retire des petits cylindres d'injection plastique durcie. Si on compare cet état avec ce qui se voit dans l'adulte sur ces points, il est manifeste que l'ensemble des vaisseaux dérivateurs a augmenté de volume et de quantité avec l'âge et avec les habitudes de l'ivrognerie. Des vaisseaux nouveaux s'ouvrent alors pour suffire à l'abondance d'une circulation dérivative plus précipitée et plus constante. Mais ce n'est pas au nez seulement que la circulation dérivative de la tête reçoit un accroissement sensible dans la vieillesse. Les veines méningées moyennes sont généralement peu apparentes, et Bichat a pu dire, avec un semblant de réalité, qu'elles n'existaient pas. Dans l'extrême vieillesse, ces veines deviennent volumineuses et se remplissent d'une abondante injection plastique lorsqu'on pousse ce liquide par l'artère carotide primitive. A cette époque de la vie, les dernières divisions de l'artère ophthalmique leur envoient une plus grande quantité de sang à travers les os du crâne. Elles se développent et deviennent de plus en plus volumineuses.

Mais ce n'est pas tout encore. J'ai vu chez le vieillard des artérioles verser le sang dans des lacunes communiquant les unes avec les autres et aboutissant à des veines. J'ai rencontré le fait dans le cuir chevelu du sommet de la tête, derrière les oreilles, dans la dure-mère et sur le cartilage thyroïde. Dans ces cas, le système vasculaire se dégradait localement, réalisant chez l'homme quelques traits de la circulation des mollusques et d'autres animaux inférieurs. Quoi qu'il en soit, ces circonstances diverses montrent que la circulation dérivative de la tête se prononce de plus en plus avec l'âge. La nature s'efforce évidemment d'ouvrir des voies de retour au sang pour suffire à l'afflux nouveau qui menace la tête. Mais l'apoplexie cérébrale, si fréquente chez le vieillard, prouve, trop bien, l'inanité de ses derniers expédients.

Avant de terminer cette étude, disons un mot des différences de la circulation dérivative suivant les saisons et suivant les climats. L'hiver et les latitudes froides la diminuent, comme l'été et les climats chauds l'augmentent. Les veines dorsales des mains sont moins volumineuses pendant les froids, et leur circulation peut être interrompue alors pendant de longs intervalles de temps. Elles sont, au contraire, apparentes pendant les chaleurs, et le courant sanguin qui les traverse est alors habituellement abondant. Quelle influence ces différences de la circulation dérivative peuvent-elles exercer sur la constitution de l'homme? Le sang peut-il être offert ainsi, plus ou moins, à l'acte respiratoire, pendant des saisons entières, sans éprouver dans sa crase des modifications sensibles? Quelle part ces modifications peuvent-elles avoir dans la production des tempéraments et des maladies propres aux saisons et aux climats divers?

Serait-il possible de rapprocher la constitution sèche des Méridionaux de l'abondance de leur circulation dérivative, entraînant l'oxydation répétée des principes carbonés de leur sang? De même, les hommes du Nord, offrent-ils, peut-être, un embonpoint naturel parce que leur circulation dérivative, plus rare, brûle moins souvent dans le poumon les principes gras de leurs humeurs.

Mais, je m'arrête. Je laisse au temps le soin de juger ces questions. Une idée nouvelle a des portées qu'on ne peut prévoir à l'avance. L'homme ne possède jamais ici-bas qu'une petite fraction de la vérité. L'horizon de la science recule toujours devant lui, et les uns succèdent aux autres dans des étapes toujours nouvelles. Sur cette route, comme sur celle de la vie, le poëte latin pourrait dire encore avec tristesse :

Et quasi cursores vitaï lampada tradunt.



FIN.

www.ingramcontent.com/pod-product-compliance
Ingram Content Group UK Ltd.
Pitfield, Milton Keynes, MK11 3LW, UK
UKHW020355220726
13923UKWH00004B/1636